Menakadevi Nanjundan
Nagarjuna Telagam

Monitorização e controlo remoto da energia solar com base na IoT

Menakadevi Nanjundan
Nagarjuna Telagam

Monitorização e controlo remoto da energia solar com base na IoT

ScienciaScripts

Cover image: www.ingimage.com

This book is a translation from the original published under ISBN 978-620-2-06088-2.

Publisher:
Sciencia Scripts
is a trademark of
Dodo Books Indian Ocean Ltd. and OmniScriptum S.R.L publishing group

120 High Road, East Finchley, London, N2 9ED, United Kingdom
Str. Armeneasca 28/1, office 1, Chisinau MD-2012, Republic of Moldova, Europe
Printed at: see last page
ISBN: 978-620-8-33269-3

RESUMO:

A tecnologia da Internet das coisas é utilizada para supervisionar a produção de energia solar fotovoltaica, o que pode melhorar consideravelmente o desempenho, a monitorização e a manutenção da central. Esta implantação maciça de sistemas solares fotovoltaicos exige sistemas sofisticados para a automatização da monitorização remota da central através de interfaces baseadas na Web, uma vez que a maioria está instalada em locais inacessíveis e, por conseguinte, não pode ser monitorizada a partir de um local específico. A discussão neste documento baseia-se na implementação de uma nova metodologia rentável baseada na IoT para monitorizar remotamente uma central solar fotovoltaica para avaliação do desempenho. Este projeto facilitará o acompanhamento e a rotação do painel solar na direção do ângulo ótimo de receção da luz solar utilizando LDR.lt também acompanha automaticamente a quantidade de tensão de alimentação recebida pelo painel solar no ângulo ótimo.

ÍNDICE DE CONTEÚDOS

LISTA DE ABREVIATURAS

LCD	Liquid Crystal Display
LED	Light Emitting Diode
PV	Photovoltaic
IP	Internet protocol
TFT	Thin Film Transistor
IoT	Internet of T hings

CAPÍTULO 1

MONITORIZAÇÃO E CONTROLO REMOTO DA ENERGIA SOLAR UTILIZANDO A IoT

1.1 INTRODUÇÃO

Com o avanço das tecnologias de rede com e sem fios, os dispositivos móveis ligados à Internet, como os telemóveis inteligentes e os tablets, são agora muito utilizados. Assim, foi introduzido um novo conceito, a Internet das Coisas (IoT), que tem recebido atenção ao longo dos últimos anos. Em geral, a IoT é, na verdade, um ambiente de partilha de informações em que os objectos da vida quotidiana estão ligados a redes com e sem fios. Recentemente, é utilizada não só no domínio da eletrónica de consumo e dos electrodomésticos, mas também noutros domínios, como a cidade inteligente, os cuidados de saúde, a casa inteligente, o automóvel inteligente, o sistema energético e a segurança industrial. Atualmente, a energia solar fotovoltaica (PV) é uma das principais fontes de energia renovável. A energia solar está a tornar-se uma solução potencial para o fornecimento sustentável de energia no futuro. Dado que cada vez mais sistemas solares fotovoltaicos de telhado estão a ser integrados na rede existente, há uma necessidade crescente de monitorizar os dados de produção em tempo real obtidos a partir de centrais solares fotovoltaicas, de modo a otimizar o desempenho global da central solar e a manter a estabilidade da rede. Uma vez que a monitorização local não é possível para o instalador, a monitorização à distância é essencial para todas as centrais de energia solar. Nesta conjuntura, é promissor aproveitar o poder da IdC para monitorizar as centrais de energia solar, utilizando tecnologias digitais e instalações computacionais mais avançadas.

A produção de energia a partir de centrais solares fotovoltaicas é variável devido a alterações na irradiação solar, na temperatura e noutros factores. Assim, a monitorização remota é essencial. Para desenvolver um sistema de monitorização remota para centrais solares fotovoltaicas, é adoptada neste trabalho a abordagem IoT (Internet of Things), que prevê um futuro próximo em que os objectos do quotidiano estarão equipados com microcontroladores e transceptores para comunicação digital. A monitorização remota elimina os riscos associados aos sistemas de cablagem tradicionais e torna o processo de medição e monitorização de dados muito mais fácil e rentável, e os sistemas baseados na IoT dão um salto gigantesco em direção à monitorização através da tomada de decisões inteligentes a partir da Web. A arquitetura descentralizada dos sistemas de monitorização remota e a sua flexibilidade de implementação tornam-nos mais adequados para fins industriais.

De um modo geral, os sistemas de monitorização remota têm de ir buscar, analisar, transmitir, gerir e dar feedback às informações remotas, utilizando a ciência e a tecnologia mais avançadas no domínio da tecnologia das comunicações e noutros domínios. Também combina a utilização abrangente de instrumentação, tecnologia eletrónica e software informático. As abordagens predominantes dos sistemas de monitorização fotovoltaica colocam atualmente alguns problemas, como a baixa automaticidade e o fraco tempo real. Estes problemas podem ser evitados com um sistema eficiente de monitorização e controlo da informação no ambiente remoto. Este sistema deve incluir técnicas de diagnóstico automático da estação fotovoltaica.

Uma manutenção preditiva que inclua a localização e a definição de falhas e avarias relacionadas com um sistema fotovoltaico é muito importante. No que se segue, concentramo-nos nas mais utilizadas. A monitorização e o controlo remotos do sistema fotovoltaico com base na tecnologia Wifi provaram ser ineficientes em grande escala porque não conseguem enfrentar grandes distâncias.

1.2 DESCRIÇÃO DO PROJECTO:

1.2.1 MÉTODO EXISTENTE:

Neste artigo, descreve-se um sistema inteligente de aquisição de dados para uma central de energia solar, como mostra a figura 2. O sistema de aquisição de dados é capaz de adquirir os valores da tensão da bateria, da corrente da bateria, da tensão FV, da corrente FV, da tensão da rede, da corrente da rede, da insolação solar e da temperatura. A tensão fotovoltaica é detectada por um circuito divisor de tensão, a corrente fotovoltaica é detectada utilizando um shunt com amplificador diferencial, a tensão da rede é detectada por um transformador de potencial com retificador de precisão, a corrente da rede é detectada por um transformador de corrente com retificador de precisão, a tensão da bateria é detectada utilizando um circuito divisor de tensão e a corrente da bateria é detectada utilizando um shunt com amplificador diferencial. A insolação solar é registada utilizando uma célula solar unitária com amplificador de precisão. A temperatura do módulo é medida pelo sensor de temperatura LM35. O coração da unidade de registo de dados é um microcontrolador PIC18F46K22, que é um microcontrolador RISC avançado de potência extremamente baixa.

O registador de dados tem um cartão de memória digital segura de 2 Gb para armazenar os dados registados. Utilizando o protocolo I2C do microcontrolador PIC18F46K22, os dados monitorizados estão a ser escritos no cartão MicroSD para armazenamento local. A taxa de amostragem é de 1 varrimento por segundo, existem 8 entradas analógicas e a função do canal e a seleção da gama podem ser feitas por programação. É utilizado um conversor de série para USB para ligar o registador de dados ao PC de laboratório. O sistema está equipado com um relógio de tempo real DS3234 da "Maxim technologies" para registar a hora, fornecendo assim leituras precisas em tempo real dos sensores. Isto ajuda na supervisão em tempo real baseada na Web. Um conjunto de hardware para este sistema.

DESVANTAGENS:

- Não podemos obter a energia solar quando o sol não está num ângulo ótimo.
- O desempenho não é monitorizado no sistema existente.

1.2.2 SISTEMA PROPONENTE:

O sistema concetual proposto neste trabalho consiste em monitorizar o estado de um sistema fotovoltaico através de uma rede baseada na IoT, a fim de o controlar remotamente. A informação dos sensores é transmitida através da rede de rádio móvel. O diagrama esquemático tem três camadas, começando com a camada de deteção na parte inferior, que inclui sensores de corrente, sensores de tensão, para medição de irradiância e outros sensores, esta camada também inclui processamento de dados baseado em microcontrolador de dados adquiridos dos sensores. O microcontrolador comunica com o módulo sem fios para iniciar e transmitir os dados ao servidor. A camada 2, tal como prevista, é a camada de rede onde é feito o registo dos dados da instalação para processamento em tempo real, o que inclui uma base de dados para armazenamento. Depois da camada de rede, estes dados processados e armazenados são utilizados na camada de aplicação.

VANTAGENS:

- No nosso projeto, podemos controlar a energia mesmo que o sol esteja em qualquer situação.
- Manutenção fácil e dados de rastreio efectivos.
- Qualquer reparação pode ser facilmente identificada e rectificada imediatamente.

1.2.3 DIAGRAMA DE BLOCOS:

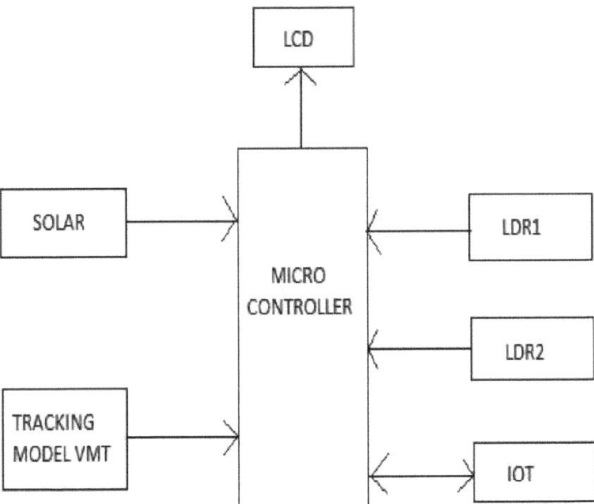

Fig 1.1 Diagrama de blocos do sistema proposto

1.2.4 ESQUEMA DE CIRCUITOS:

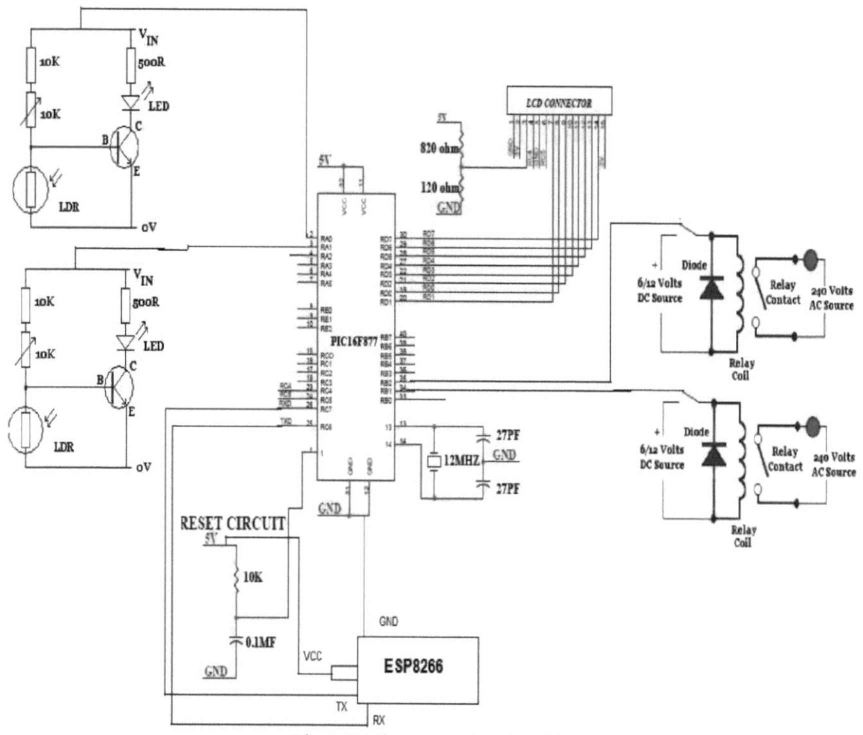

Fig 1.2 Diagrama do circuito

1.2.5 ESPECIFICAÇÃO DO SISTEMA:

HARDWARE UTILIZADO:

- MICROCONTROLADOR
- LDR
- RS232
- DISPOSITIVO IOT
- RELÉ
- MÓDULO WIFI

SOFTWARE UTILIZADO:

- EMBEDDED C
- MP LAB
- PROTEUS

CAPÍTULO 2

REVISÃO DA LITERATURA

Em 2011, estima-se que o consumo mundial de energia seja de 10 terawatts (TW) por ano e que, em 2050, seja de cerca de 30 TW. Com uma procura tão elevada de energia, é imperativo que a energia solar venha a ser um ator importante na corrida energética. Vamos construir cada vez mais parques solares e vamos ligá-los às redes.

Com a aliança solar global de cerca de 120 países, a cimeira vai lançar muitos projectos baseados na energia solar. Até à data, foram instalados mais de 12,67 MW de energia solar para apoio à tensão de redes fracas, para poupança de picos de carga e para poupança de gasóleo, e a produção industrial baseada em dispositivos solares atingiu um nível de 7 MW/ano, que está a ser gerado pelos painéis solares.

Usamos sensores como o LTC2990 - Quad I2C Voltage, Current and Temperature Monitorl4-Bit ADC sensor que actua como a nossa unidade de sensor primário que está ligado a um processador de aplicação Broadcom BCM2835 (Raspberry Pi Zero) de muito baixo custo e eficiente em termos de energia (-110mW) usando um protocolo universal simples como o I2C. O processador ARM é então utilizado para adquirir os dados do sensor e convertê-los no formato necessário para serem transferidos para a nuvem.

Um dos melhores laaS (Infrastructure as a Service) de elevado desempenho, o Google Compute Engine, é utilizado como ponto de extremidade da nuvem, responsável pela ligação a todos os nós de origem dos dados, utilizando um protocolo de mensagens de sensores leve, o MQTT (MQ Telemetry Transport). Ao adotar este tipo de sistema de rede, podemos recolher eficazmente uma grande quantidade de dados e gerar um conjunto de dados suficientemente grande para efetuar análises e calcular algoritmos de previsão.

CAPÍTULO 3

DESCRIÇÃO DO HARDWARE

3.1 INTRODUÇÃO AO PIC:

O microcontrolador utilizado para este projeto é da série PIC. O microcontrolador PIC é o primeiro microcontrolador baseado em RISC fabricado em CMOS (semicondutor de óxido metálico complementar) que utiliza um barramento separado para instruções e dados, permitindo o acesso simultâneo à memória de programa e de dados.

A principal vantagem da combinação CMOS e RISC é o baixo consumo de energia, que resulta numa pastilha de dimensões muito reduzidas e com um número reduzido de pinos. A principal vantagem do CMOS é o facto de ser mais imune ao ruído do que outras técnicas de fabrico.

3.1.1 PIC (16F877):

Vários microcontroladores oferecem diferentes tipos de memórias. EEPROM, EPROM, FLASH, etc. são algumas das memórias, das quais a FLASH é a mais recentemente desenvolvida. A tecnologia utilizada no picl6F877 é a tecnologia flash, pelo que os dados são mantidos mesmo quando a alimentação é desligada. A facilidade de programação e de apagamento são outras caraterísticas do PIC 16F877.

3.1.2 PROGRAMADOR PIC START PLUS:

O sistema de desenvolvimento PIC start plus da microchip technology fornece ao engenheiro de desenvolvimento de produtos um conjunto de ferramentas de conceção de microcontroladores altamente flexível e de baixo custo para todos os microdispositivos PIC da microchip. O sistema de desenvolvimento picstart plus inclui o programador de desenvolvimento PIC start plus e o mplab ide.

O programador PIC start plus dá ao programador do produto a capacidade de programar o software do utilizador em qualquer um dos microcontroladores suportados. O software PIC start plus executado no mplab permite um controlo interativo total do programador.

3.1.3 CARACTERÍSTICAS ESPECIAIS DO MICROCONTROLADOR PIC:

CARACTERÍSTICAS PRINCIPAIS:

- CPU RISC de alto desempenho
- Apenas 35 instruções de uma única palavra para aprender
- Todas as instruções de ciclo único, exceto as ramificações de programa que são de dois ciclos
- Velocidade de funcionamento: DC - entrada de relógio de 20 MHz
- Ciclo de instrução DC-200 ns
- Até 8K x 14 palavras de memória de programa Flash,
- Até 368 x 8 bytes de memória de dados (RAM)
- Até 256 x 8 bytes de memória de dados EEPROM
- Pinagem compatível com o PIC16C73/74/76/77
- Capacidade de interrupção (até 14 intemal/extemal
- Pilha de hardware com oito níveis de profundidade
- Modos de endereçamento direto, indireto e relativo
- Reposição de energia (POR)
- Temporizador de Arranque (PWRT) e Temporizador de Arranque do Oscilador (OST)
- Temporizador Watchdog (WDT) com o seu próprio oscilador RC integrado para um funcionamento fiável
- Proteção de código programável
- Modo SLEEP de poupança de energia
- Opções de oscilador selecionáveis
- Tecnologia CMOS EPROM/EEPROM de baixa potência e alta velocidade

- Conceção totalmente estática
- Programação em série no circuito (ICSP) através de dois pinos
- Apenas uma fonte de 5 V é necessária para a capacidade de programação
- Depuração no circuito através de dois pinos
- Acesso de leitura/escrita do processador à memória do programa
- Ampla gama de tensões de funcionamento: 2,5V a 5,5V
- Corrente elevada de dissipação/fonte: 25 mA
- Gamas de temperatura comerciais e industriais
- Baixo consumo de energia

CARACTERÍSTICAS PERIFÉRICAS :

Temporizador0: Temporizador/contador de 8 bits com pré-escalonamento de 8 bits

Temporizador1: Temporizador/contador de 16 bits com pré-escalonamento, pode ser incrementado durante o sono

através de cristal/relógio externo

Temporizador2: Temporizador/contador de 8 bits com registo de período de 8 bits, pré-escalonador e pós-escalonador

Dois módulos de captura, comparação e PWM

A captação é de 16 bits, a resolução máxima é de 12,5 ns,

A comparação é de 16 bits, a resolução máxima é de 200 ns,

A resolução máxima do PWM é de 10 bits

Conversor analógico-digital multicanal de 10 bits

Porta série síncrona (SSP) com SPI. (Modo Mestre) e I2C.

Transmissor recetor assíncrono síncrono universal (USART/SCI) com deteção de endereço de 9 bits.

Circuito de deteção de Brown-out para reposição de Brown-out (BOR)

3.1.4 ARQUITECTURA DO PIC 16F877:

É apresentada a arquitetura completa do PIC 16F877. O PIC 16F877 é um microcontrolador CMOS FLASH de 40 pinos e 8 bits da Microchip. A arquitetura central é uma CPU RISC de elevado desempenho com apenas 35 instruções de palavra única1. Uma vez que segue a arquitetura RISC, todas as instruções de ciclo único demoram apenas um ciclo de instrução, exceto as ramificações de programa que demoram dois ciclos. O 16F877 é fornecido com 3 velocidades de funcionamento com entrada de relógio de 4, 8 ou 20 MHz. Uma vez que cada ciclo de instrução demora quatro ciclos de relógio de funcionamento, cada instrução demora 0,2 ps quando é utilizado um oscilador de 20 MHz.

Tem dois tipos de memórias internas: memória de programa e memória de dados. A memória de programa é fornecida por 8K palavras (ou 8K*14 bits) de memória FLASH, e a memória de dados tem duas fontes. Um tipo de memória de dados é uma RAM (memória de acesso aleatório) de 368 bytes e o outro é uma EEPROM (memória ROM programável apagável eletricamente) de 256 bytes.

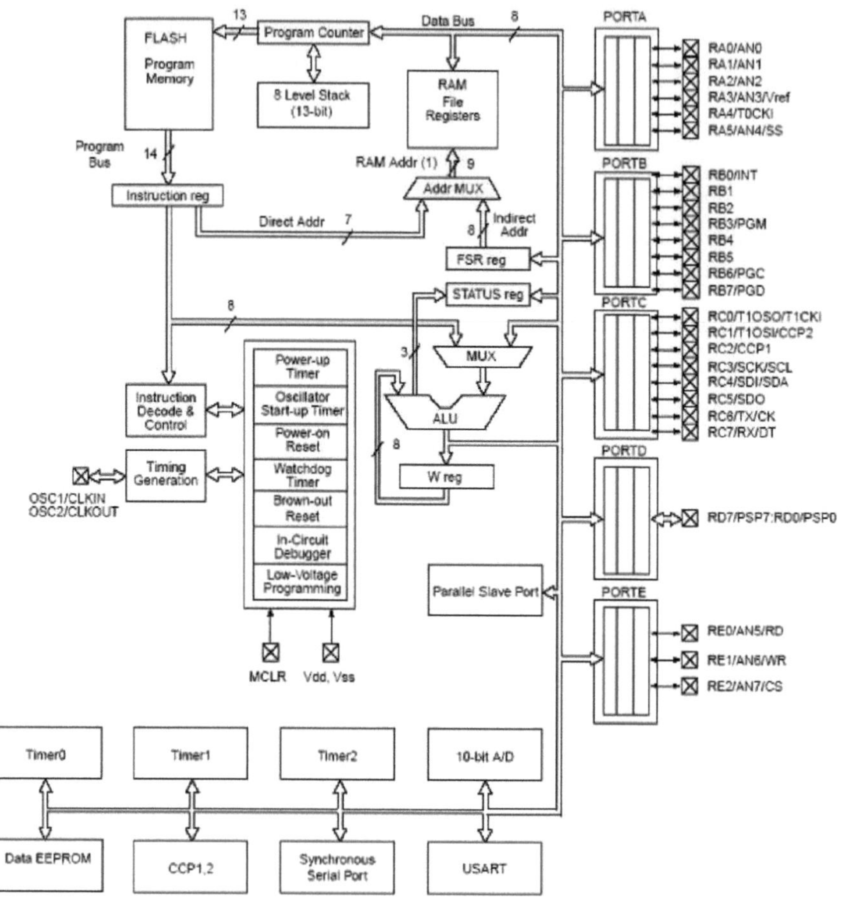

Note 1: Higher order bits are from the STATUS register.

Fig 3.1 Arquitetura do PIC 16F877

DEVICE	PROGRAM FLASH	DATA MEMORY	DATA EEPROM
PIC 16F877	8K	368 Bytes	256 Bytes

3.1.5 DIAGRAMA DE PINOS DO PIC 16F877:

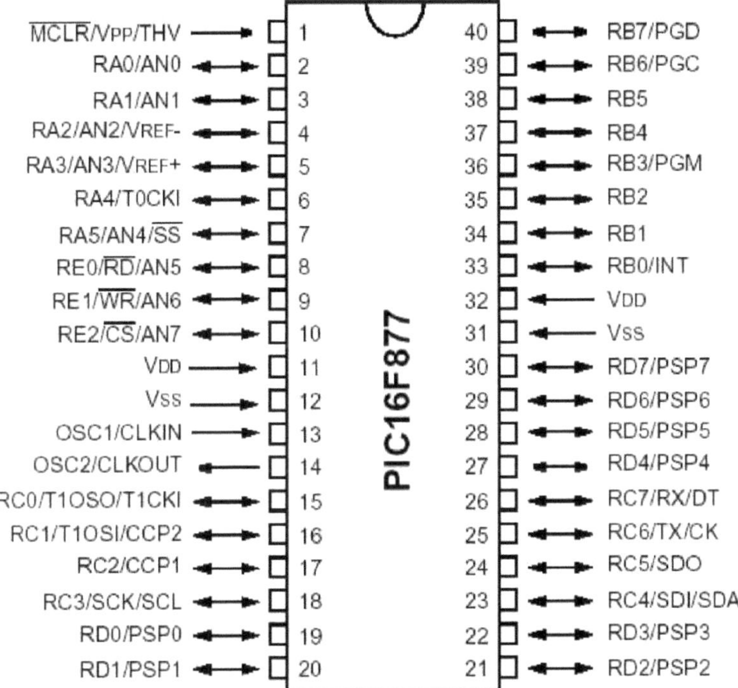

Fig 3.2 Diagrama PIN do PIC 16F877

3.1.5 PORTAS DE E/S :

Alguns pinos para estas portas de E/S são multiplexados com uma função alternativa para as caraterísticas periféricas do dispositivo. Em geral, quando um periférico está ativado, esse pino não pode ser utilizado como um pino de E/S de uso geral.

Podem ser encontradas informações adicionais sobre as portas de E/S no Manual de Referência da gama média IC micro™,

3.1.6 PORTA A E O REGISTO TRIS A:

PORT A é uma porta bidirecional com 6 bits de largura. O registo de direção de dados correspondente é TRIS A. A definição de um bit TRIS A (=1) tornará o pino PORT A correspondente numa entrada, ou seja, colocará o controlador de saída correspondente num modo de alta impedância. Limpar um bit TRIS A (=0) tornará o pino PORT A correspondente numa saída, ou seja, colocará o conteúdo do trinco de saída no pino selecionado. A leitura do registo PORT A permite ler o estado dos pinos, enquanto que a escrita no mesmo permite escrever no latch da porta. Todas as operações de escrita são operações de leitura-modificação-escrita. Por conseguinte, uma escrita numa porta implica que os pinos da porta são lidos; este valor é modificado e, em seguida, escrito no trinco de dados da porta. O pino RA4 é multiplexado com a entrada de relógio do módulo TimerO para se tornar o pino RA4/T0CKI. O pino RA4/T0CKI é uma entrada Schmitt Trigger e uma saída de dreno aberto. Todos os outros pinos da porta RA têm níveis de entrada TTL e drivers de saída CMOS completos. Outros pinos PORT A são multiplexados com entradas analógicas e entrada VREF analógica. O funcionamento de cada pino é selecionado limpando/configurando os bits de controlo no registo ADCON1 (A/D Control Registerl).

O registo TRIS A controla a direção dos pinos RA, mesmo quando estão a ser utilizados como entradas analógicas. O utilizador deve garantir que os bits no registo TRIS A são mantidos definidos quando são utilizados como entradas analógicas.

Name	Bit#	Buffer	Function
RA0/AN0	bit0	TTL	Input/output or analog input
RA1/AN1	bit1	TTL	Input/output or analog input
RA2/AN2	bit2	TTL	Input/output or analog input
RA3/AN3/VREF	bit3	TTL	Input/output or analog input or VREF
RA4/T0CKI	bit4	ST	Input/output or external clock input for Timer0 Output is open drain type
RA5/$\overline{SS}$/AN4	bit5	TTL	Input/output or slave select input for synchronous serial port or analog input

Legend: TTL = TTL input, ST = Schmitt Trigger input

Quadro 3.2 FUNÇÃO DA PORTA A

Address	Name	Bit 7	Bit 6	Bit 5	Bit 4	Bit 3	Bit 2	Bit 1	Bit 0	Value on: POR, BOR	Value on all other resets
05h	PORTA	—	—	RA5	RA4	RA3	RA2	RA1	RA0	--0x 0000	--0u 0000
85h	TRISA	—	—	PORTA Data Direction Register						--11 1111	--11 1111
9Fh	ADCON1	—	—	ADFM	—	PCFG3	PCFG2	PCFG1	PCFG0	--0- 0000	--0- 0000

Legend: x = unknown, u = unchanged, - = unimplemented locations read as '0'. Shaded cells are not used by PORTA.

Quadro 3.3 RESUMO DOS REGISTO ASSOCIADOS AO PORTO A

3.1.8 REGISTO PORT B E TRIS B :

PORT B é uma porta bidirecional de 8 bits de largura. O registo de direção de dados correspondente é TRIS B. Definir um bit TRIS B (=1) tornará o pino PORT B correspondente numa entrada, ou seja, colocará o controlador de saída correspondente num modo de alta impedância. Limpar um bit TRIS B (=0) tornará o pino PORT B correspondente uma saída, ou seja, colocará o conteúdo do latch de saída no pino selecionado. Três pinos do PORT B são multiplexados com a função de Programação de Baixa Tensão; RB3/PGM, RB6/PGC e RB7/PGD. As funções alternativas destes pinos são descritas na secção de caraterísticas especiais. Cada um dos pinos PORT B tem um pull-up interno fraco. Um único bit de controlo pode ativar todos os pull-ups.

Isto é efectuado limpando o bit RBPU (OPTION_REG<7>). O pull-up fraco é automaticamente desligado quando o pino da porta é configurado como uma saída. Os pull-ups são desactivados numa reinicialização.

Quatro dos pinos do PORT B, RB7:RB4, têm uma caraterística de interrupção na mudança. Apenas os pinos configurados como entradas podem causar esta interrupção (ou seja, qualquer pino RB7:RB4 configurado como saída é excluído da comparação de interrupção por mudança). Os pinos de entrada (de RB7:RB4) são comparados com o valor antigo registado na última leitura de PORT B. As saídas "mismatch" de RB7:RB4 são OR'ed em conjunto para gerar a interrupção de alteração da porta RB com o bit de sinalização RBIF (INTCON<0>). Esta interrupção pode despertar o dispositivo do modo SLEEP. O utilizador, na rotina de serviço de interrupção, pode anular a interrupção da seguinte forma:

a) Qualquer leitura ou escrita do PORTO B. Isto porá fim à condição de incompatibilidade.

b) Apagar o bit de sinalização RBIF. Uma condição de incompatibilidade continuará a ativar o bit de sinalização RBIF. A leitura de PORT B terminará a condição de incompatibilidade e permitirá que o bit de sinalização RBIF seja apagado. A funcionalidade de interrupção na mudança é recomendada para operações de despertar na operação de depressão da tecla e operações em que PORT B só é utilizado para a funcionalidade de interrupção na mudança. Não se recomenda o polling da PORT B quando se utiliza a função de interrupção na mudança. Esta caraterística de interrupção em caso de incompatibilidade, juntamente com os pull-ups configuráveis por software nestes quatro pinos, permite uma interface fácil com um teclado e torna possível o despertar do ao premir uma tecla.

Name	Bit#	Buffer	Function
RB0/INT	bit0	TTL/ST(1)	Input/output pin or external interrupt input. Internal software programmable weak pull-up.
RB1	bit1	TTL	Input/output pin. Internal software programmable weak pull-up.
RB2	bit2	TTL	Input/output pin. Internal software programmable weak pull-up.
RB3/PGM	bit3	TTL	Input/output pin or programming pin in LVP mode. Internal software programmable weak pull-up.
RB4	bit4	TTL	Input/output pin (with interrupt on change). Internal software programmable weak pull-up.
RB5	bit5	TTL	Input/output pin (with interrupt on change). Internal software programmable weak pull-up.
RB6/PGC	bit6	TTL/ST(2)	Input/output pin (with interrupt on change) or In-Circuit Debugger pin. Internal software programmable weak pull-up. Serial programming clock.
RB7/PGD	bit7	TTL/ST(2)	Input/output pin (with interrupt on change) or In-Circuit Debugger pin. Internal software programmable weak pull-up. Serial programming data.

Legend: TTL = TTL input, ST = Schmitt Trigger input
Note 1: This buffer is a Schmitt Trigger input when configured as the external interrupt.
2: This buffer is a Schmitt Trigger input when used in serial programming mode.

Quadro 3.4 PORT B FUNÇÕES

Address	Name	Bit 7	Bit 6	Bit 5	Bit 4	Bit 3	Bit 2	Bit 1	Bit 0	Value on: POR, BOR	Value on all other resets
06h, 106h	PORTB	RB7	RB6	RB5	RB4	RB3	RB2	RB1	RB0	xxxx xxxx	uuuu uuuu
86h, 186h	TRISB	PORTB Data Direction Register								1111 1111	1111 1111
81h, 181h	OPTION_REG	RBPU	INTEDG	T0CS	T0SE	PSA	PS2	PS1	PS0	1111 1111	1111 1111

Legend: x = unknown, u = unchanged. Shaded cells are not used by PORTB.

Tabela 3.5 RESUMO DOS REGISTOS ASSOCIADOS AO PORTO B

3.1.9 PORTA C E O REGISTO TRIS C:

PORT C é uma porta bidirecional de 8 bits de largura. O registo de direção de dados correspondente é TRIS C. A definição de um bit TRIS C (=1) tornará o pino PORT C correspondente numa entrada, ou seja, colocará o controlador de saída correspondente num modo de alta impedância. Limpar um bit TRIS C (=0) tornará o pino PORT C correspondente numa saída, ou seja, colocará o controlador de saída correspondente num modo de alta impedância,

colocar o conteúdo do trinco de saída no pino selecionado. PORT C é multiplexado com várias funções periféricas. Os pinos do PORT C têm buffers de entrada Schmitt Trigger.

Quando o módulo I2C está ativado, os pinos PORT C (3:4) podem ser configurados com níveis I2C normais ou com níveis SMBUS, utilizando o bit CKE (SSPSTAT <6>). Ao habilitar funções periféricas, deve-se tomar cuidado ao definir os bits TRIS para cada pino PORT C. Alguns periféricos substituem o bit TRIS para fazer de um pino uma saída, enquanto outros periféricos substituem o bit TRIS para fazer de um pino uma entrada. Uma vez que a substituição do bit TRIS está em vigor enquanto o periférico está ativado, devem ser evitadas as instruções de leitura-modificação de escrita (BSF, BCF, XORWF) com TRIS C como destino. O utilizador deve consultar a secção do periférico correspondente para obter as definições corretas do bit TRIS.

Name	Bit#	Buffer Type	Function
RC0/T1OSO/T1CKI	bit0	ST	Input/output port pin or Timer1 oscillator output/Timer1 clock input
RC1/T1OSI/CCP2	bit1	ST	Input/output port pin or Timer1 oscillator input or Capture2 input/ Compare2 output/PWM2 output
RC2/CCP1	bit2	ST	Input/output port pin or Capture1 input/Compare1 output/PWM1 output
RC3/SCK/SCL	bit3	ST	RC3 can also be the synchronous serial clock for both SPI and I^2C modes.
RC4/SDI/SDA	bit4	ST	RC4 can also be the SPI Data In (SPI mode) or data I/O (I^2C mode).
RC5/SDO	bit5	ST	Input/output port pin or Synchronous Serial Port data output
RC6/TX/CK	bit6	ST	Input/output port pin or USART Asynchronous Transmit or Synchronous Clock
RC7/RX/DT	bit7	ST	Input/output port pin or USART Asynchronous Receive or Synchronous Data

Legend: ST = Schmitt Trigger input

Quadro 3.6 FUNÇÕES DO PORTO C

Address	Name	Bit 7	Bit 6	Bit 5	Bit 4	Bit 3	Bit 2	Bit 1	Bit 0	Value on: POR, BOR	Value on all other resets
07h	PORTC	RC7	RC6	RC5	RC4	RC3	RC2	RC1	RC0	xxxx xxxx	uuuu uuuu
87h	TRISC	PORTC Data Direction Register								1111 1111	1111 1111

Legend: x = unknown, u = unchanged.

Quadro 3.7 RESUMO DOS REGISTO ASSOCIADOS AO PORTO C

3.1.10 REGISTOS PORT D E TRIS D:

Esta secção não é aplicável aos dispositivos de 28 pinos. PORT D é uma porta de 8 bits com buffers de entrada Schmitt Trigger. Cada pino é configurável individualmente como uma entrada ou saída. A PORTA D pode ser configurada como uma porta de microprocessador de 8 bits de largura (porta escrava paralela) definindo o bit de controlo PSPMODE (TRISE<4>). Neste modo, os buffers de entrada são TTL.

Name	Bit#	Buffer Type	Function
RD0/PSP0	bit0	ST/TTL(1)	Input/output port pin or parallel slave port bit0
RD1/PSP1	bit1	ST/TTL(1)	Input/output port pin or parallel slave port bit1
RD2/PSP2	bit2	ST/TTL(1)	Input/output port pin or parallel slave port bit2
RD3/PSP3	bit3	ST/TTL(1)	Input/output port pin or parallel slave port bit3
RD4/PSP4	bit4	ST/TTL(1)	Input/output port pin or parallel slave port bit4
RD5/PSP5	bit5	ST/TTL(1)	Input/output port pin or parallel slave port bit5
RD6/PSP6	bit6	ST/TTL(1)	Input/output port pin or parallel slave port bit6
RD7/PSP7	bit7	ST/TTL(1)	Input/output port pin or parallel slave port bit7

Legend: ST = Schmitt Trigger input TTL = TTL input

Note 1: Input buffers are Schmitt Triggers when in I/O mode and TTL buffer when in Parallel Slave Port Mode.

Quadro 3.8 FUNÇÕES DO PORTO D

Address	Name	Bit 7	Bit 6	Bit 5	Bit 4	Bit 3	Bit 2	Bit 1	Bit 0	Value on: POR, BOR	Value on all other resets
08h	PORTD	RD7	RD6	RD5	RD4	RD3	RD2	RD1	RD0	xxxx xxxx	uuuu uuuu
88h	TRISD	PORTD Data Direction Register								1111 1111	1111 1111
89h	TRISE	IBF	OBF	IBOV	PSPMODE	—	PORTE Data Direction Bits			0000 -111	0000 -111

Legend: x = unknown, u = unchanged, - = unimplemented read as '0'. Shaded cells are not used by PORTD.

Quadro 3.9 RESUMO DOS REGISTO ASSOCIADOS AO PORTO D

3.1.11 REGISTO DE PORTA E TRIS E :

A porta E tem três pinos RE0/RD/AN5, RE1/WR/AN6 e RE2/CS/AN7, que podem ser configurados individualmente como entradas ou saídas. Estes pinos têm buffers de entrada Schmitt Trigger.

Os pinos PORT E tornam-se entradas de controlo para a porta do microprocessador quando o bit PSPMODE (TRIS E<4>) está definido. Neste modo, o utilizador deve certificar-se de que os bits TRIS E<2:0> estão definidos (os pinos são configurados como entradas digitais). Assegurar que ADCON1 está configurado para E/S digital. Neste modo, os buffers de entrada são TTL.

Os pinos PORT E são multiplexados com entradas analógicas. Quando selecionados como uma entrada analógica, estes pinos serão lidos como '0'. TRIS E controla a direção dos pinos RE, mesmo quando estão a ser utilizados como entradas analógicas. O utilizador deve certificar-se de que mantém os pinos configurados como entradas quando os utiliza como entradas analógicas.

Name	Bit#	Buffer Type	Function
RE0/$\overline{RD}$/AN5	bit0	ST/TTL[1]	Input/output port pin or read control input in parallel slave port mode or analog input: $\overline{RD}$ 1 = Not a read operation 0 = Read operation. Reads PORTD register (if chip selected)
RE1/$\overline{WR}$/AN6	bit1	ST/TTL[1]	Input/output port pin or write control input in parallel slave port mode or analog input: $\overline{WR}$ 1 =Not a write operation 0 =Write operation. Writes PORTD register (if chip selected)
RE2/$\overline{CS}$/AN7	bit2	ST/TTL[1]	Input/output port pin or chip select control input in parallel slave port mode or analog input: $\overline{CS}$ 1 = Device is not selected 0 = Device is selected

Legend: ST = Schmitt Trigger input TTL = TTL input
Note 1: Input buffers are Schmitt Triggers when in I/O mode and TTL buffers when in Parallel Slave Port Mode.

Quadro 3.10 FUNÇÕES DO PORTO E

Addr	Name	Bit 7	Bit 6	Bit 5	Bit 4	Bit 3	Bit 2	Bit 1	Bit 0	Value on: POR, BOR	Value on all other resets
09h	PORTE	—	—	—	—	—	RE2	RE1	RE0	---- -xxx	---- -uuu
89h	TRISE	IBF	OBF	IBOV	PSPMODE	—	PORTE Data Direction Bits			0000 -111	0000 -111
9Fh	ADCON1	—	—	ADFM	—	PCFG3	PCFG2	PCFG1	PCFG0	--0- 0000	--0- 0000

Legend: x = unknown, u = unchanged, - = unimplemented read as '0'. Shaded cells are not used by PORTE.

Quadro 3.11 RESUMO DOS REGISTO ASSOCIADOS AO PORTO E

3.1.12 ORGANIZAÇÃO DA MEMÓRIA:

Existem três blocos de memória em cada um dos MUCs PIC16F877. A memória de programa e a memória de dados têm barramentos separados para que possa haver acesso simultâneo.

3.1.13 ORGANIZAÇÃO DA MEMÓRIA DO PROGRAMA:

Os dispositivos PIC16f877 têm um contador de programa de 13 bits capaz de endereçar 8K *14 palavras de memória de programa FLASH. O acesso a uma localização acima do endereço fisicamente implementado causará uma inversão. O vetor RESET está em 0000h e o vetor de interrupção está em 0004h.

3.1.14 ORGANIZAÇÃO DA MEMÓRIA DE DADOS :

A memória de dados está dividida em vários bancos que contêm os registos de uso geral e os registos de funções especiais. Os bits RP1 (STATUS<6) e RP0 (STATUS<5>) são os bits selecionados para o banco.

RP1:RP0	**Banks**
00	0
01	1
10	2
11	3

Bank 0	File Address	Bank 1	File Address	Bank 2	File Address	Bank 3	File Address
Indirect addr.(*)	00h	Indirect addr.(*)	80h	Indirect addr.(*)	100h	Indirect addr.(*)	180h
TMR0	01h	OPTION_REG	81h	TMR0	101h	OPTION_REG	181h
PCL	02h	PCL	82h	PCL	102h	PCL	182h
STATUS	03h	STATUS	83h	STATUS	103h	STATUS	183h
FSR	04h	FSR	84h	FSR	104h	FSR	184h
PORTA	05h	TRISA	85h		105h		185h
PORTB	06h	TRISB	86h	PORTB	106h	TRISB	186h
PORTC	07h	TRISC	87h		107h		187h
PORTD (1)	08h	TRISD (1)	88h		108h		188h
PORTE (1)	09h	TRISE (1)	89h		109h		189h
PCLATH	0Ah	PCLATH	8Ah	PCLATH	10Ah	PCLATH	18Ah
INTCON	0Bh	INTCON	8Bh	INTCON	10Bh	INTCON	18Bh
PIR1	0Ch	PIE1	8Ch	EEDATA	10Ch	EECON1	18Ch
PIR2	0Dh	PIE2	8Dh	EEADR	10Dh	EECON2	18Dh
TMR1L	0Eh	PCON	8Eh	EEDATH	10Eh	Reserved(2)	18Eh
TMR1H	0Fh		8Fh	EEADRH	10Fh	Reserved(2)	18Fh
T1CON	10h		90h	General Purpose Register 16 Bytes (110h–11Fh)	110h	General Purpose Register 16 Bytes (190h–19Fh)	190h
TMR2	11h	SSPCON2	91h		111h		191h
T2CON	12h	PR2	92h		112h		192h
SSPBUF	13h	SSPADD	93h		113h		193h
SSPCON	14h	SSPSTAT	94h		114h		194h
CCPR1L	15h		95h		115h		195h
CCPR1H	16h		96h		116h		196h
CCP1CON	17h		97h		117h		197h
RCSTA	18h	TXSTA	98h		118h		198h
TXREG	19h	SPBRG	99h		119h		199h
RCREG	1Ah		9Ah		11Ah		19Ah
CCPR2L	1Bh		9Bh		11Bh		19Bh
CCPR2H	1Ch		9Ch		11Ch		19Ch
CCP2CON	1Dh		9Dh		11Dh		19Dh
ADRESH	1Eh	ADRESL	9Eh		11Eh		19Eh
ADCON0	1Fh	ADCON1	9Fh		11Fh		19Fh
General Purpose Register 96 Bytes	20h–7Fh	General Purpose Register 80 Bytes	A0h–EFh	General Purpose Register 80 Bytes	120h–16Fh	General Purpose Register 80 Bytes	1A0h–1EFh
		accesses 70h-7Fh	F0h–FFh	accesses 70h-7Fh	170h–17Fh	accesses 70h - 7Fh	1F0h–1FFh

Unimplemented data memory locations, read as '0'.

* Not a physical register.

Note 1: These registers are not implemented on 28-pin devices.

2: These registers are reserved, maintain these registers clear.

Fig 3.3 PIC16F877 MAPA DO ARQUIVO DE REGISTOS

Cada banco estende-se até 7Fh (1238 bytes). As localizações inferiores de cada banco estão reservadas para os Registos de Funções Especiais. Acima dos Registos de Funções Especiais estão os Registos de Uso Geral, implementados como RAM estática. Todos os bancos implementados contêm registos de funções especiais. Alguns registos de funções especiais frequentemente utilizados de um banco podem ser espelhados noutro banco para redução de código e acesso mais rápido.

3.1.15 FICHEIRO DE REGISTOS DE USO GERAL:

O ficheiro de registos pode ser acedido direta ou indiretamente através do Ficheiro Selecionado (File Selected Register - FSR). Existem alguns registos de funções especiais utilizados pela CPU e pelos módulos periféricos para controlar o funcionamento desejado do dispositivo. Estes registos são implementados como RAM estática. Os registos de funções especiais podem ser classificados em dois conjuntos: núcleo (CPU) e periféricos. Estes registos estão associados às funções do núcleo.

3.2 RESISTÊNCIA DEPENDENTE DA LUZ:

Uma resistência dependente da luz funciona segundo o princípio da foto-condutividade.

A foto-condutividade é um fenómeno ótico em que a condutividade dos materiais aumenta quando a luz é absorvida pelo material. Quando a luz incide, ou seja, quando os fotões incidem sobre o dispositivo, os electrões da banda de valência do material semicondutor são excitados para a banda de condução. Estes fotões da luz incidente devem ter uma energia superior ao intervalo de bandas do material semicondutor para que os electrões saltem da banda de valência para a banda de condução. Assim, quando a luz com energia suficiente incide no dispositivo, cada vez mais electrões são excitados para a banda de condução, o que resulta num grande número de portadores de carga. O resultado deste processo é que cada vez mais corrente começa a fluir através do dispositivo quando o circuito é fechado e, por conseguinte, diz-se que a resistência do dispositivo diminuiu. Este é o princípio de funcionamento mais comum dos LDR.

Os LDRs são dispositivos dependentes da luz, cuja resistência diminui quando a luz incide sobre eles e aumenta no escuro. Quando um resistor dependente da luz é mantido no escuro, a sua resistência é muito elevada. Essa resistência é chamada de resistência no escuro. Pode atingir 1012 Ω e, se o dispositivo absorver luz, a sua resistência diminui drasticamente. Se lhe for aplicada uma tensão constante e a intensidade da luz for aumentada, a corrente começa a aumentar.

Quando a luz incide numa célula fotoeléctrica, são normalmente necessários cerca de 8 a 12 ms para que ocorra a alteração da resistência, ao passo que são necessários um ou mais segundos para que a resistência volte ao seu valor inicial após a remoção da luz. Este fenómeno é designado por taxa de recuperação da resistência. Esta propriedade é utilizada em compressores de áudio. Além disso, os LDR são menos sensíveis do que os fotodíodos e os fototransístores. (Um fotodíodo e uma fotocélula (LDR) não são a mesma coisa, um fotodíodo é um dispositivo semicondutor de junção p-n que converte a luz em eletricidade, ao passo que uma fotocélula é um dispositivo passivo, não existe junção p-n nesta nem "converte" a luz em eletricidade). Tipos de resistências dependentes da luz: Com base nos materiais utilizados, eles são classificados como:

Foto-resistências (semicondutores não dopados):

Estes são feitos de materiais semicondutores puros, como o silício ou o germânio.

Foto-resistências extrínsecas:

Trata-se de materiais semicondutores dopados com impurezas intrínsecas, designadas por dopantes. Estes dopantes criam novas bandas de energia acima da banda de valência que são preenchidas com electrões.

3.2.1 APLICAÇÃO DA LDR:

Os LDR's têm baixo custo e estrutura simples. São frequentemente utilizados como sensores de luz. São utilizados quando há necessidade de detetar ausências ou presenças de luz, como num medidor de luz de uma câmara. Utilizados em candeeiros de rua, relógios de alarme, circuitos de alarme contra roubo, medidores de intensidade luminosa, para contar os pacotes que se deslocam numa correia transportadora, etc.

3.3 DÍODO DE CRISTAL LUMINOSO:

O LCD (ecrã de cristais líquidos) é a tecnologia utilizada nos ecrãs dos computadores portáteis e de outros computadores mais pequenos. Os LCD consomem muito menos energia do que os ecrãs LED e os ecrãs a gás, porque funcionam com base no princípio de bloquear a luz em vez de a emitir.

Um LCD é fabricado com uma grelha de matriz passiva ou com uma grelha de matriz ativa. O LCD de matriz ativa é também conhecido como um ecrã de transístor de película fina (TFT). O LCD de matriz passiva tem uma grelha de condutores com pixels localizados em cada intersecção da grelha. É enviada uma corrente através de dois condutores na grelha para controlar a luz de qualquer pixel.

Fig 3.4 LCD 16x2

3.3.1 CONSTRUÇÃO:

Duas peças de vidro polarizado filtram na produção do cristal líquido. O vidro que não tem uma película polarizada na sua superfície deve ser esfregado com um polímero especial que criará ranhuras microscópicas na superfície do filtro de vidro polarizado. As ranhuras devem estar na mesma direção da película polarizada. Agora temos de adicionar um revestimento de cristal de fase líquido pneumático num dos filtros polarizados do vidro polarizado. O canal microscópico faz com que a molécula da primeira camada se alinhe com a orientação do filtro. Quando o ângulo correto aparece na peça da primeira camada, devemos adicionar uma segunda peça de vidro com a película polarizada. O primeiro filtro será naturalmente polarizado quando a luz o atingir na fase inicial.

Assim, a luz viaja através de cada camada e é guiada para a seguinte com a ajuda da molécula. A molécula tende a mudar o seu plano de vibração da luz de modo a igualar o seu ângulo. Quando a luz chega à extremidade mais distante da substância de cristais líquidos, vibra no mesmo ângulo em que vibra a última camada da molécula. A luz só pode entrar no dispositivo se a segunda camada do vidro polarizado coincidir com a camada final da molécula.

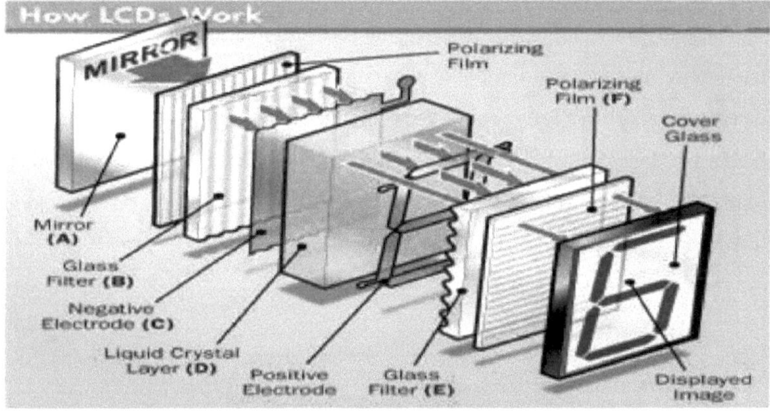

Fig 3.5 Construção do LCD

3.3.2 TRABALHO:

O princípio subjacente aos LCD é o de que, quando é aplicada uma corrente eléctrica à molécula de cristais líquidos, esta tende a desenrolar-se. Isto faz com que o ângulo da luz que está a passar através da molécula do vidro polarizado e também causa uma alteração no ângulo do filtro polarizador superior. Como resultado, é permitida a passagem de pouca luz do vidro polarizado através de uma determinada área do LCD. Assim, essa área específica tornar-se-á escura em comparação com outras. O LCD funciona com base no princípio do bloqueio da luz. Na construção do LCD, é colocado um espelho refletido na parte de trás. Um plano de eléctrodos é feito de óxido de índio que é mantido na parte superior e um vidro polarizado com uma película polarizadora é também adicionado na parte inferior do dispositivo. Toda a região do LCD tem de ser envolvida por um elétrodo comum e, por cima, deve estar a matéria de cristais líquidos.

Segue-se a segunda peça de vidro com um elétrodo em forma de retângulo na parte inferior e, na parte superior, outra película polarizadora. Deve ter-se em conta que ambas as peças são mantidas em ângulos rectos. Quando não há corrente, a luz passa pela parte da frente do LCD e é reflectida pelo espelho e devolvida. Como o elétrodo está ligado a uma bateria, a corrente desta fará com que os cristais líquidos entre o elétrodo de plano comum e o elétrodo em forma de retângulo se desenrolem. Assim, a luz é impedida de passar. Os painéis LCD utilizam normalmente vias condutoras metálicas finamente revestidas sobre um substrato de vidro para formar o circuito celular que permite o funcionamento do painel. Normalmente, não é possível utilizar técnicas de soldadura para ligar diretamente o painel a uma placa de circuitos gravada em cobre separada. Em vez disso, a interface é conseguida utilizando uma fita plástica adesiva com traços condutores colados nas extremidades do painel LCD, ou com um conetor elastomérico, que é uma tira de borracha ou silicone com camadas alternadas de vias condutoras e isolantes, pressionada entre as almofadas de contacto no LCD e as almofadas de contacto correspondentes numa placa de circuitos.

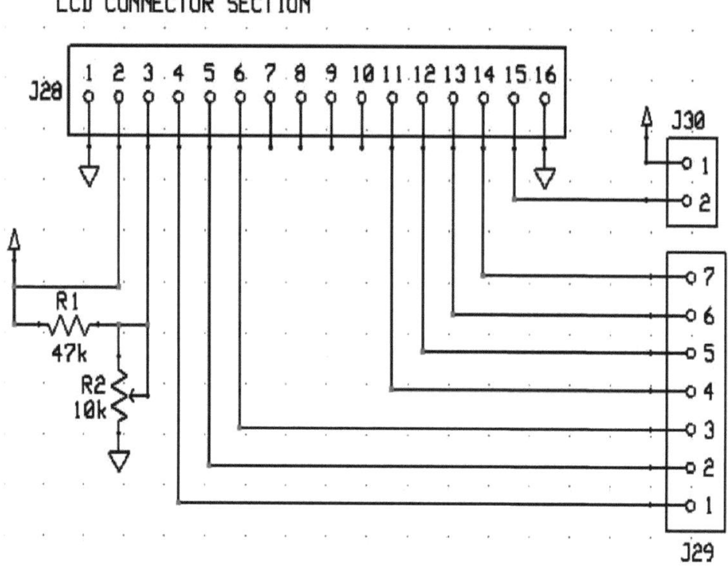

Fig 3.6 Diagrama PIN do LCD

PIN No	Name	Function
1	VSS	Ground voltage
2	VCC	+5V
3	VEE	Contrast voltage
4	RS	Register Select 0 = Instruction Register 1 = Data Register
5	R/W	Read/ Write, to choose write or read mode 0 = write mode 1 = read mode
6	E	Enable 0 = start to latch data to LCD character 1= disable
7	DB0	Data bit 0 (LSB)
8	DB1	Data bit 1
9	DB2	Data bit 2
10	DB3	Data bit 3
11	DB4	Data bit 4
12	DB5	Data bit 5
13	DB6	Data bit 6
14	DB7	Data bit 7 (MSB)
15	BPL	Back Plane Light +5V or lower (Optional)
16	GND	Ground voltage (Optional)

Tabela 3.12 Especificação PIN do LCD

3.3.3 APLICAÇÕES:

- Termómetro de cristais líquidos
- Imagem ótica
- A técnica do ecrã de cristais líquidos também é aplicável na visualização de ondas de radiofrequência no guia de ondas
- Utilizado em aplicações médicas

3.4 FONTE DE ALIMENTAÇÃO:

Uma fonte de alimentação é um dispositivo eletrónico que fornece energia eléctrica a uma carga eléctrica. A principal função de uma fonte de alimentação é converter uma forma de energia eléctrica noutra e, como resultado, as fontes de alimentação são por vezes referidas como conversores de energia eléctrica. Algumas fontes de alimentação são dispositivos discretos e autónomos, enquanto outras estão integradas em dispositivos maiores, juntamente com as suas cargas. Exemplos destas últimas incluem as fontes de alimentação encontradas em computadores de secretária e dispositivos electrónicos de consumo.

Cada fonte de alimentação deve obter de uma fonte de energia a energia que fornece à sua carga, bem como qualquer energia que consome enquanto executa essa tarefa. Dependendo da sua conceção, uma fonte de alimentação pode obter energia de vários tipos de fontes de energia, incluindo sistemas de transmissão de energia eléctrica, dispositivos de armazenamento de energia, como baterias e células de combustível, sistemas electromecânicos, como geradores e alternadores, conversores de energia solar ou outra fonte de alimentação.

Todas as fontes de alimentação têm uma entrada de energia, que recebe energia da fonte de energia, e uma saída de energia que fornece energia à carga. Na maioria das fontes de alimentação, a entrada e a saída de energia consistem em conectores eléctricos ou ligações de circuitos com fios, embora algumas fontes de alimentação utilizem a transferência de energia sem fios em vez de ligações galvânicas para a entrada ou saída de energia. Algumas fontes de alimentação têm também outros tipos de entradas e saídas, para funções como a monitorização e o controlo externos.

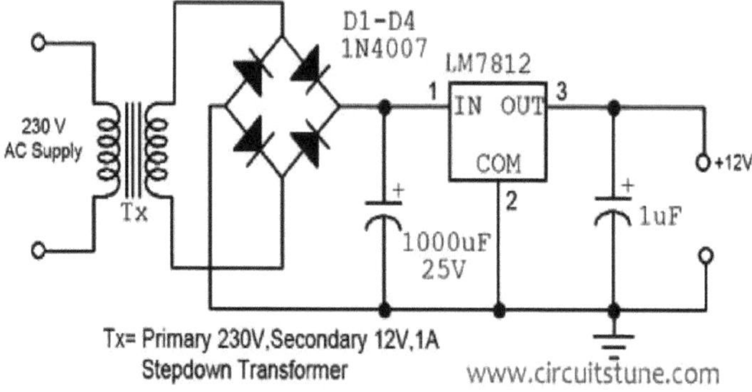

Fig 3.7 Diagrama do circuito da fonte de alimentação

3.4.1 DESCRIÇÃO DO CIRCUITO:

Um transformador (Tx=Primário 230 Volt, Secundário 12 Volt, transformador abaixador lAmp) é usado para converter 230V para 12V da rede eléctrica. Aqui é utilizado um retificador em ponte composto por quatro díodos 1N4007 ou 1N4003 para converter AC em DC. O condensador de filtragem 1000uF,25V é utilizado para reduzir a ondulação e obter uma tensão DC suave. Este circuito é muito fácil de construir. Para um bom desempenho, a tensão de entrada deve ser superior a 12Volt no pino 1 do IC LM7812. Utilizar um dissipador de calor para proteger o IC LM7812 contra o sobreaquecimento.

3.5 RELÉ:

O relé é um dispositivo eletromagnético que é utilizado para isolar eletricamente dois circuitos e ligá-los magneticamente. São dispositivos muito úteis e permitem que um circuito ligue outro, estando estes completamente separados. São frequentemente utilizados para ligar um circuito eletrónico (que funciona a baixa tensão) a um circuito elétrico que funciona a uma tensão muito elevada. Por exemplo, um relé pode fazer com que um circuito de bateria de 5V DC comute um circuito de rede de 230V AC. Assim, um pequeno circuito sensor pode acionar, por exemplo, uma ventoinha ou uma lâmpada eléctrica.

Um interrutor de relé pode ser dividido em duas partes: entrada e saída. A secção de entrada tem uma bobina que gera um campo magnético quando lhe é aplicada uma pequena tensão de um circuito eletrónico. Esta tensão é designada por tensão de funcionamento. Os relés normalmente utilizados estão disponíveis em diferentes configurações de tensões de funcionamento como 6V, 9V, 12V, 24V, etc. A secção de saída é constituída por contactores que ligam ou desligam mecanicamente. Num relé básico existem três contactores: normalmente aberto (NA), normalmente fechado (NF) e comum (COM). No estado sem entrada, o COM está ligado ao NC. Quando a tensão de operação é aplicada, a bobina do relé é energizada e o COM muda de contacto para NO. Estão disponíveis diferentes configurações de relés, como SPST, SPDT, DPDT, etc., que têm diferentes números de contactos de comutação. Ao utilizar uma combinação adequada de contactores, o circuito elétrico pode ser ligado e desligado. Obter detalhes internos sobre a estrutura de um interrutor de relé.

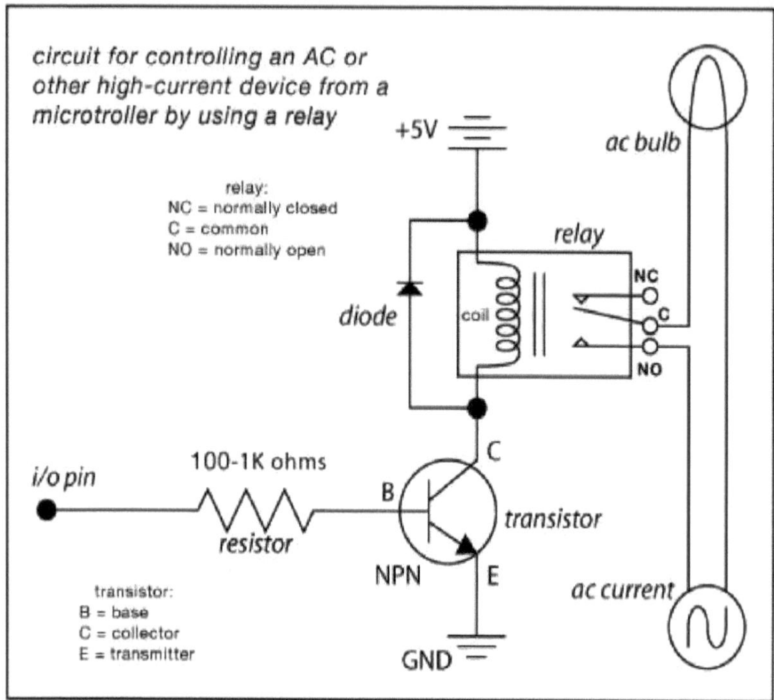

Fig 3.8 Diagrama do circuito do relé

3.5.1 TRABALHO:

Quando a energia passa pelo primeiro circuito (1), ativa o eletroíman (castanho), gerando um campo magnético (azul) que atrai um contacto (vermelho) e ativa o segundo circuito (2). Quando a corrente é desligada, uma mola puxa o contacto de volta para a sua posição original, desligando novamente o segundo circuito.

Este é um exemplo de um relé "normalmente aberto" (NO): os contactos no segundo circuito não estão ligados por defeito, e ligam-se apenas quando uma corrente flui através do íman. Outros relés são "normalmente fechados" (NF; os contactos estão ligados, pelo que, por defeito, passa uma corrente através deles) e só se desligam quando o íman é ativado, afastando ou empurrando os contactos. Os relés normalmente abertos são os mais comuns.

O circuito de entrada (laço preto) está desligado e não flui qualquer corrente através dele até que algo (um sensor ou o fecho de um interrutor) o ligue. O circuito de saída (laço azul) também está desligado.

Quando uma pequena corrente flui no circuito de entrada, ativa o eletroíman (aqui representado por uma bobina vermelha), que produz um campo magnético à sua volta.

O eletroíman energizado puxa a barra de metal no circuito de saída na sua direção, fechando o interrutor e permitindo que uma corrente muito maior flua através do circuito de saída.

O circuito de saída faz funcionar um aparelho de alta corrente, como uma lâmpada ou um motor elétrico.

E é responsável pelo movimento do painel solar num ângulo ótimo

3.6 MÓDULO WI-FI:

O módulo WiFi ESP8266 é um SOC autónomo com uma pilha de protocolos TCP/IP integrada que pode dar a qualquer microcontrolador acesso à sua rede WiFi.

O ESP8266 é capaz de alojar uma aplicação ou de descarregar todas as funções de rede Wi-Fi de outro processador de aplicações. Cada módulo ESP8266 vem pré-programado com um firmware de conjunto de comandos AT, o que significa que pode simplesmente ligá-lo ao seu dispositivo Arduino e obter tanta capacidade de ligação Wi-Fi como um WiFi Shield oferece (e isto apenas fora da caixa)! O módulo ESP8266 é uma placa extremamente económica com uma comunidade enorme e em constante crescimento.

Este módulo tem uma capacidade de processamento e armazenamento suficientemente potente que permite a sua integração com os sensores e outros dispositivos específicos da aplicação através dos seus GPIO, com um desenvolvimento inicial mínimo e um carregamento mínimo durante o tempo de execução. O seu elevado grau de integração na pastilha permite um mínimo de circuitos externos, incluindo o módulo front-end, e foi concebido para ocupar uma área mínima de PCB. O ESP8266 suporta APSD para aplicações VoIP e interfaces de coexistência Bluetooth, contém uma RF auto-calibrada que lhe permite funcionar em todas as condições de funcionamento e não requer peças RF externas.

Existe uma fonte quase ilimitada de informações disponíveis para o ESP8266, todas elas fornecidas pelo fantástico apoio da comunidade. Na secção Documentos, abaixo, encontrará muitos recursos para o ajudar a utilizar o ESP8266, até mesmo instruções sobre como transformar este módulo numa solução IoT (Internet das Coisas)!

Fig 3.9 MODULO WIFI ESP8266

3.6.1 CARACTERÍSTICAS:

- 802.11 b/g/n
- MCU de 32 bits de baixa potência integrado
- ADC integrado de 10 bits
- Pilha de protocolos TCP/IP integrada
- Interruptor TR integrado, balun, LNA, amplificador de potência e rede de correspondência
- PLL integrado, reguladores e unidades de gestão de energia
- Suporta diversidade de antenas - WiFi 2,4 GHz, suporte WPA/WPA2
- Suporta os modos de funcionamento STA/AP/STA+AP
- Suporte da função Smart Link para dispositivos Android e iOS
- SDIO 2.0, (H) SPI, UART, I2C, I2S, controlo remoto IR, PWM, GPIO
- STBC, 1x1 MIMO, 2x1 MIMO

- Potência de sono profundo <10uA, corrente de fuga de desligamento < 5uA
- Acorda e transmite pacotes em < 2ms
- Consumo de energia em standby < 1,0mW (DTIM3)
- Potência de saída de +20 dBm no modo 802.1 lb
- Gama de temperaturas de funcionamento -40C ~ 125C
- Certificação FCC, CE, TELEC, WiFi Alliance e SRRC

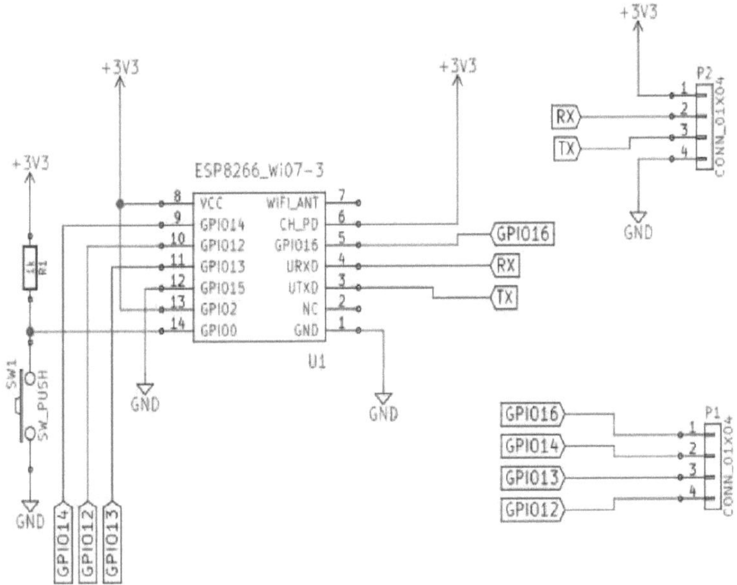

Fig 3.10 DIAGRAMA DE CIRCUITO DO MÓDULO WIFI

3.6.2 CONFIGURADOR DE PINOS

1	VDDA	P		Analog Power 3.0 ~3.6V
2	LNA	I/O		RF Antenna Interface,Chip Output Impedance=50 Ω No matching required but we recommend that the π- type matching network is retained.
3	VDD3P	P		Amplifier Power 3.0~3.6V

	3			
4	VDD3P 3	P		Amplifier Power 3.0~3.6V
5	VDD_R TC	P		NC(1.1V)
6	TOUT	I		ADC Pin
7	CHIP_E N	I		Chip Enable. High: On, chip works properly; Low: Off, small current
8	XPD_D CDC	I/O	GPI O16	Deep-Sleep Wakeup
9	MTMS	I/O	GPI O14	HSPICLK
10	MTDI	I/O	GPI O12	HSPIQ
11	VDDPS T	P		Digital/IO Power Supply (1.8V~3.3V)
12	MTCK	I/O	GPI O13	HSPID

13	MTDO	I/O	GPIO15	HSPICS
14	GPIO2	I/O	GPIO2	UART Tx during flash progamming
15	GPIO0	I/O	GPIO0	SPICS2
16	GPIO4	I/O	GPIO4	
17	VDDPST	P		Digital/IO Power Supply (1.8V~3.3V)
18	SDIO_DATA_2	I/O		Connect to SD_D2 (Series R 200Ω);SPIHD; HSPIHD
19	SDIO_DATA_3	I/O		Connect to SD_D3 (Series R 200Ω); SPIWP; HSPIWP
20	SDIO_CMD	I/O		Connect to SD_CMD(Series R 200Ω); SPICS0
21	SDIO_CLK	I/O		Connect to SD_CLK (Series R 200Ω); SPICLK

22	SDIO_ DATA_ 0	I/O		Connect to SD_D0 (Series R 200Ω); SPIQ
23	SDIO_ DATA_ 1	I/O		Connect to SD_D1 (Series R 200Ω); SPID
24	GPIO5	I/O	GPI O5	
25	U0RXD	I/O	GPI O3	UART Rx during flash progamming
26	U0TXD	I/O	GPI O1	UART Tx during flash progamming; SPICS1
27	XTAL_ OUT	I/O		Connect to crystal output, can be used to provide BT clock input
28	XTAL_ IN	I/O		Connect to crystal input
29	VDDD	P		Analog Power 3.0~3.6V
30	VDDA	P		Analog Power 3.0~3.6V
31	RES12 K	I		Connect to series R 12kΩ to ground

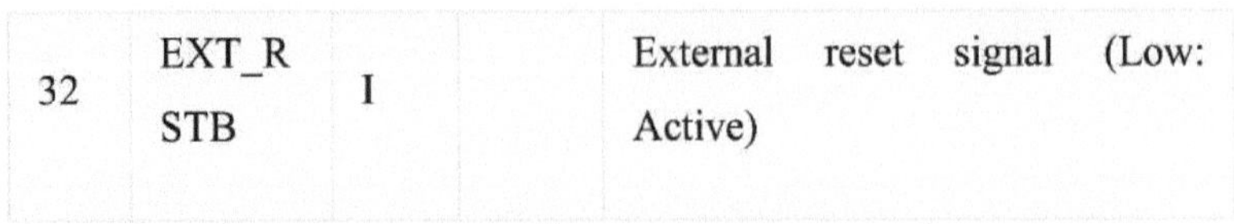

32	EXT_RSTB	I		External reset signal (Low: Active)

Tabela 3.13 CONFIGURAÇÃO DOS PINOS DO MÓDULO WIFI

3.6.3 APLICAÇÕES:

- Automatização doméstica
- Tomada e luzes inteligentes
- Rede em malha
- Controlo industrial sem fios
- Monitores para bebés
- Eletrónica vestível
- Dispositivos WiFi sensíveis à localização
- Identificadores de segurança
- Balizas do sistema de posicionamento WiFi

CAPÍTULO 4

DESCRIÇÃO DO SOFTWARE

4.1 MP LAB:

O ambiente de desenvolvimento integrado MPLAB X traz muitas mudanças ao PIC. Ao contrário das versões anteriores do MPLAB IDE, que foram desenvolvidas completamente internamente, o MPLAB X IDE é baseado no IDE de código aberto netbeans da oracle. Seguir este caminho permitiu-nos adicionar muitas caraterísticas frequentemente solicitadas de forma muito rápida e fácil, ao mesmo tempo que nos proporcionou uma arquitetura muito mais extensível para lhe trazer ainda mais novas funcionalidades no futuro.

4.1.1 CARACTERÍSTICAS:

- Suporta análise em tempo real.
- Suporta modelos de código de mentira.
- Suporta micro expansões.
- Permite-lhe anexar uma versão específica do firmware da ferramenta de depuração ao projeto.

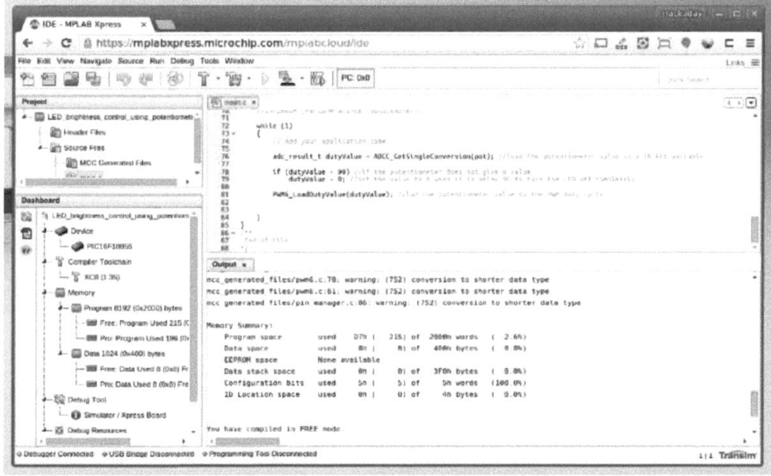

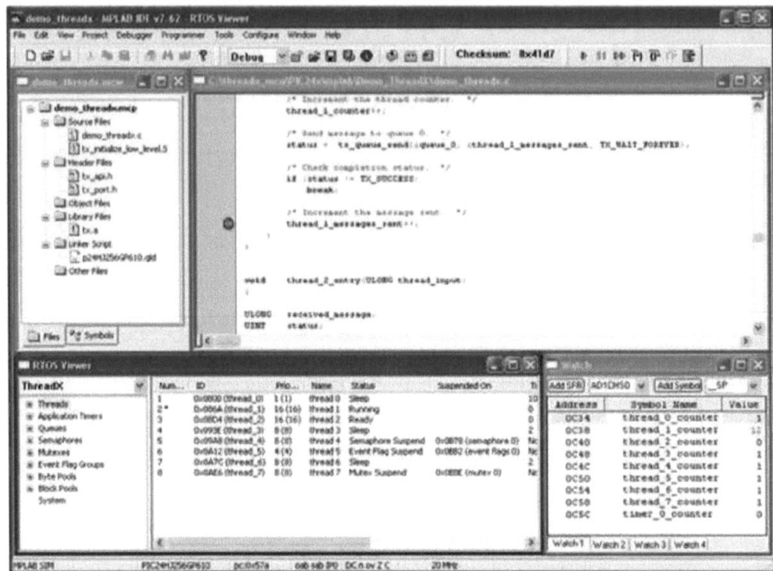

Fig 4.1 ESPAÇO DE TRABALHO DO LABORATÓRIO MP

Programação do microcontrolador utilizando o laboratório MP e os resultados obtidos e o resultado da depuração utilizando o laboratório MP é apresentado na fig. 4.1.

CAPÍTULO 5
RESULTADOS E DISCUSSÃO

Fig 5.1a RESULTADO DO LCD

A tensão e a posição atual do painel solar são mostradas na figura 5.1a no ecrã LCD e, em seguida, a posição atual do painel solar é automaticamente apresentada no ecrã utilizando o módulo WIFI e a IoT.

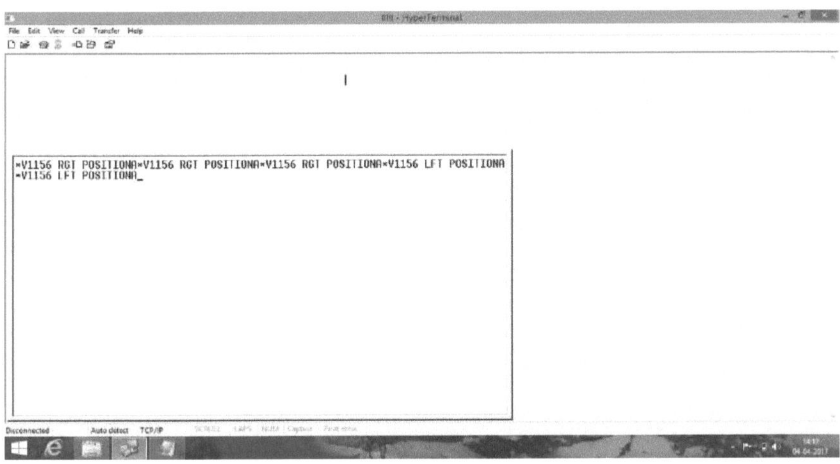

Fig 5.1b RESULTADO IoT

A figura 5.1b acima mostra a posição atual e o nível de tensão do painel solar de forma periódica.

CAPÍTULO 6

CONCLUSÃO E REFORÇO FUTURO

A utilização da IdC para a monitorização de uma central de energia solar é um passo importante, uma vez que, de dia para dia, as fontes de energia renováveis estão a ser integradas na rede eléctrica pública. Assim, a automatização e a intelectualização da monitorização de centrais de energia solar melhorarão o futuro processo de tomada de decisões para centrais de energia solar de grande escala e a integração na rede dessas centrais. Neste artigo, propomos um sistema de monitorização remota baseado na Internet das Coisas para centrais de energia solar. A abordagem é estudada, implementada e a transmissão remota de dados para um servidor para supervisão é bem sucedida. A monitorização remota baseada na IoT melhorará a eficiência energética do sistema, utilizando módulos sem fios avançados de baixo consumo de energia, reduzindo assim a pegada de carbono. A interface baseada na consola Web reduzirá significativamente o tempo de supervisão manual e ajudará no processo de agendamento de tarefas de gestão da central. Este sistema deverá incorporar mais tarde uma disposição de gestão avançada e remota das centrais solares fotovoltaicas para várias operações, como o encerramento remoto e a gestão remota.

A singularidade do sistema proposto reside no facto de ser mais fácil monitorizar o desempenho de uma central de energia solar a um nível holístico. O sistema baseado na Internet das Coisas preencherá uma base de dados dedicada baseada num servidor Web com dados em tempo real dos parâmetros da central, o que melhorará o processo de tomada de decisões da autoridade competente. A integração das centrais de energia solar na rede em grande escala exigirá uma análise de dados enorme para a tomada de decisões. Esta abordagem tem de ser modificada no futuro através da utilização de tecnologias sofisticadas de bases de dados e equipada com muito mais inteligência incorporada para um processamento e computação mais rápidos dos dados. Este sistema pode ainda ser equipado com módulos GPS para seguir a localização das centrais quando implantado em grande número, o que melhorará ainda mais o funcionamento e a manutenção das centrais em tempo real.

CAPÍTULO 7

REFERÊNCIAS

[1] Xi Chen, Limin Sun; Hongsong Zhu; Yan Zhen; Hongbin Chen," Application of Internet of Things in Power-Line Monitoring",2012 International Conference on Cyber-Enabled Distributed Computing and Knowledge Discovery (CyberC),978-l-4673-2624-7.

[2] Byeongkwan Kang, Sunghoi Park,Tacklim Lee, and Sehyun Park," IoT- based Monitoring System using Tri-level Context Making Model for Smart Home Services", 2015 IEEE International Conference on Consumer Electronics (ICCE).

[3] Achim Woyte,Mauricio Richter,David Moser,Stefan Mau,Nils Reich,Ulrike Jahn "Monitoring Of Photovoltaic Systems:Good Practices And Systematic Analysis" 28th European PV Solar .

[4] Suciu Constantin, Florin Moldoveanu, Radu Campeanu, loana Baciu, Sorin Mihai Grigorescu, Bogdan Carstea, Vlad Voinea, "GPRS Based System for Atmospheric Pollution Monitoring and Warning", l-42440361-8/06/$20.00 ©2006 IEEE.

[5] Chen Peijiang,Jiang Xuehua, "Design and Implementation of Remote Monitoring System Based on GSM",2008 IEEE Pacific-Asia Workshop on Computational Intelligence and Industrial Apllication.

[6] Oussama BEN BELGITH,Lasaad SBITA, "Remote GSM module monitoring and Photovoltaic System control", 2014 First International Conference on Green Energy ICGE 2014.

[7] Qinghai Ou,Yan Zhen,Xiangzhen Li,Yiying Zhang,Lingkang Zeng, "Application of Internet of Things in Smart Grid Power Transmission",2012 Third FTRA International Conference on Mobile,Ubiquitous,and Intelligent Computing.

[8] Chenthamarai Selvam, Kota Srinivas, G.S. Ayyappan, M. Venkatachala Sarma,

"Advanced Metering Infrastructure for Smart Grid Application", ICRTIT 2012.

[9] S.V. Tresa Sangeeta, Dr. S. Ravi, Dr. S. Radha Rammohan, "Automação de processos indutivos baseada em sistema incorporado e registo remoto de dados utilizando GSM com tecnologia Web", Jornal Internacional de Investigação em Engenharia Aplicada, ISSN 09734562, Vol. 8, No 20 (2013)

[10] K. S. K. Weranga, D. P. Chandima, Membro. IEEE e S.P. Kumarawadu, Membro, IEEE, "Smart Metering for Next Genaration Energy Efficiency & Conservation".

[11] Priti. G. Pachpande, "Internet Based Embedded Data Acquisition System", International Journal of Electronics Communication and Computer Engineering, Volume 5, Issue (4) July, Technovision-2014, ISSN 2249-071X.

Printed by Books on Demand GmbH, Norderstedt / Germany